BEI GRIN MACHT SICH IHR WISSEN BEZAHLT

- Wir veröffentlichen Ihre Hausarbeit,
  Bachelor- und Masterarbeit

- Ihr eigenes eBook und Buch -
  weltweit in allen wichtigen Shops

- Verdienen Sie an jedem Verkauf

Jetzt bei www.GRIN.com hochladen
und kostenlos publizieren

Bibliografische Information der Deutschen Nationalbibliothek:

Die Deutsche Bibliothek verzeichnet diese Publikation in der Deutschen National-
bibliografie; detaillierte bibliografische Daten sind im Internet über http://dnb.d-
nb.de/ abrufbar.

Impressum:

Copyright © 2010 GRIN Verlag, Open Publishing GmbH
Druck und Bindung: Books on Demand GmbH, Norderstedt Germany
ISBN: 978-3-656-47679-5

Dieses Buch bei GRIN:

http://www.grin.com/de/e-book/231605/planung-durchfuehrung-und-evaluation-
von-technikunterricht

Rene Schien

Planung, Durchführung und Evaluation von Technikunterricht

Bau einer Aktiv-Lautsprecher-Box

GRIN Verlag

GRIN - Your knowledge has value

Der GRIN Verlag publiziert seit 1998 wissenschaftliche Arbeiten von Studenten, Hochschullehrern und anderen Akademikern als eBook und gedrucktes Buch. Die Verlagswebsite www.grin.com ist die ideale Plattform zur Veröffentlichung von Hausarbeiten, Abschlussarbeiten, wissenschaftlichen Aufsätzen, Dissertationen und Fachbüchern.

Besuchen Sie uns im Internet:

http://www.grin.com/

http://www.facebook.com/grincom

http://www.twitter.com/grin_com

Hausarbeit zum Thema

Planung, Durchführung und Evaluation von Technikunterricht

Inhaltsverzeichnis

1. Skizzieren Sie eine Unterrichtseinheit ihrer Wahl

Im Rahmen des Seminares hat sich unsere Gruppe für die Unterrichtseinheit "Bau einer Aktiv-Lautsprecher- Box" entschieden.
Dabei sollen die Schüler/innen in einer Konstruktionsaufgabe eine eigene Aktiv- Lautsprecher-Box entwerfen, anschließend bauen und am Ende präsentieren und bewerten.

Die Box soll dabei am Ende einige zentrale Eigenschaften bzw. Bauteile besitzen, die zu Beginn den Schüler/innen vorgegeben werden. Dazu gehören z. B. der Verbau eines selbstgelöteten Verstärkers, ein Ein- und Ausschaltknopf, die Maximalgröße, sowie ein zugängliches Batteriefach zum Wechseln der Batterie eines Verstärkers.

Das fertige Ergebnis könnte dann so aussehen

Abb. 1: Boxen [UHU GmbH & Co. KG 2005, S.8]   Abb. 2: schwarze Box [UHU GmbH & Co. KG 2005, S.8]

Der genaue Ablauf der Unterrichtseinheit könnte so aussehen:

(1)   Einführung / Materialerkundung (2 Schulstunde)
-   Themen-Präsentation
-   Werkstückbedingungen/ Vorgaben
-   Bewertungskriterien
-   Präsentation einer bereits vorgefertigten Lautersprecherbox
-   Welches Material steht zur Verfügung
-   Welches Material eignet sich – Materialeigenschaften
-   Oberflächenbehandlung
(2)   Skizzen / Technische Zeichnung (2 Schulstunden)
-   Skizzen anfertigen und Präsentation der Skizzen
-   Besprechung der Skizzen
-   Anfertigung einer Technischen Zeichnung
(3)   Stückliste / Arbeitsablaufplan / Materialbedarfsliste (2 Schulstunden)
-   Besprechung der Technischen Zeichnung
-   Anfertigung einer Materialbedarfsliste, einer Stückliste und eines Arbeitsablaufplans

(4) Lehrgang – Platinen löten (2 Schulstunden)
- Was wird zum Löten alles benötigt
- Sicherheitsmaßnahmen
- Wie wird gelötet

(5) Herstellung des Boxengehäuses / Löten der Boxenelektronik (10 Schulstunden)

(6) Präsentation / Reflexion / Bewertung (2 Schulstunden)

2. Wählen Sie aus der von Ihnen gewählten Unterrichtseinheit eine Unterrichtstunde aus und beschreiben Sie diese hinsichtlich

a)   **den Gesichtspunkten für die Bestimmung und Legitimation des Unterrichtsthemas.**

2.a.1) Bildungsplanbezüge:

- Werkzeuge, Maschinen und Geräte werden sach- und fachgerecht eingesetzt
- Mit Werkstoffen, Materialien und Energie wird fachgerecht und verantwortungsbewusst umgegangen
- Produkte und Prozesse können reflektiert und bewertet werden
- Arbeitsabläufe werden sach- und fachgerecht durchgeführt
- Sicherheitsmaßnahmen werden beachtet

[vgl. Ministerium für Kultus, Jugend und Sport Baden-Württemberg 2004, S. 120 ff.]

2.a.2) Bedeutungsebenen:

(1) Gegenwartsbedeutung
- Alltagsgegenstände besitzen immer mehr Elektronik →Erst durch die Verbindung der einzelnen Bauteile funktioniert der Schaltkreis
- erworbene Grundfertigkeiten des Lötens können die Schüler/innen in ihrer Freizeit nutzen → Modellbau, Computer, Roller,…
- vorberufliche Einblicke / Umsetzung der neuen Fähigkeit im Privatleben

(2) Zukunftsbedeutung
- Fertigkeitsbesitz für Beruf
- keine Alternative Möglichkeit das Löten zu ersetzen → Löten bleibt unabdingbar
- immer mehr und komplexere Elektronik

(3) Exemplarische Bedeutung
- Verbindungsmöglichkeiten aufzeigen (Lötverbindungen)
- fügen von lösbaren Verbindungen
- Sicherheitsaspekte im Umgang mit Wärme/ Hitze
- Systemzusammenhänge darstellen

b)   **den Unterrichtszielen.**

- Die Schüler/innen können mit dem Lötkolben sach- und fachgerecht umgehen.
- → *verfahrensbezogenes Lernziel*
- Die Schüler/innen kennen die Gefahren des Lötens (Sicherheitsmaßnahmen).
- → *inhaltsbezogenes Lernziel*
- Die Schüler/innen können Lötstellen bewerten.
- → *bewertungsbezogenes Lernziel*
- Die Schüler/innen können einfache Schaltungen auf Platinen fachgerecht löten.
- → *verfahrensbezogenes Lernziel*

c) des methodischen Vorgehens unter besonderer Berücksichtigung des Einstiegs und der Differenzierung.

<u>2.c.1) Methode:</u>

Lehrgang:
- Im Voraus geplante Abfolge von Lernschritten zur Erarbeitung eines bestimmen Sachbereichs
- Dient zur Vermittlung von fachlichen Kenntnissen und/oder praktischen Fähigkeiten
- Vorwiegend mitteilenden Charakter
- Stufung erfolgt vom Einfachen zum Komplexen

[vgl. Fies 2009, S. 55 f.]

Einstieg → Stummer Impuls
Materialien und Werkzeuge die zum Löten benötigt werden, werden auf einer Werkbank der Klasse präsentiert. So soll der Schüler/in angeregt werden selbst aktiv zu werden.

<u>2.c.2) Differenzierung:</u>

- Einstieg: Jeder kann seine Gedanken und Ideen äußern.
- Nach dem Lehrgang kann sich der Lehrer gezielt um schwächere Schüler/innen kümmern.
- Experten aus der Reihe der Schüler/innen können ernannt werden und ihre Mitschüler unterstützen.

3. Erstellen Sie für diese Unterrichtsstunde eine Verlaufsskizze (Unterrichtsverlauf).

Phase / Zeit	Schüleraktivität / Lehreraktivität	Sozialform	Medien
Einstieg ca. 5 Minuten	- L. bittet die S. nach vorne an die Werkbank des Lehrers - L. legt verschiedene Gegenstände, die zum Löten benötigt werden, auf die Bank - S. schauen sich die Sachen an und äußern ihre Gedanken und Ideen dazu	Plenum / Stummer Impuls	Lötkolben, Platine, elektronische Bauelement, Schwamm, Lötnägel, Widerstände,...
Erarbeitung ca. 25 Minuten	- L. und S. klären die fachlich korrekten Bezeichnungen der vorgelegten Gegenstände und besprechen deren Funktion - L. zeigt den S. eine fertige, aber fehlerhafte Probeplatine - L. erarbeitet mit den S. zusammen die Fehler der Platine (kalte Lötstelle, Bauteile an falscher Stelle,...) - L. bespricht mit den S. den Schaltplan der Probeplatine - L. bespricht mit den S. die Sicherheitsmaßnahmen, die beim Löten notwendig sind	Plenum / Lehrer-Schüler-Gespräch	bestückte Probeplatine; einzelne Bauteile für Probeplatine; Schaltplan

Beobachtung
ca. 15 Minuten
	- L. trifft Vorkehrungen um löten zu können (benötigte Werkzeuge richten, Lötunterlage,...)
	
	- L. bestückt eine Platine mit den elektronischen Bauteilen und Verbindungselementen und erklärt dabei den Schülern worauf geachtet werden muss und wie man richtig und erfolgreich lötet
	
	- L. zeigt den S. wie man richtig entlötet
	
	- L. teilt den S. ein Arbeitsblatt aus
		Frontal /
		Lehrgang
			Platine, Bauteile,
			Verbindungselemente
			Arbeitsblatt:
			- Richtiges
			  Vorbereiten
			- Löten Schritt für
			  Schritt
			- Sicherheitsregel

Arbeitsphase ca. 30 Minuten	- S. löten ihre eigene Probeplatine - L. steht bei Fragen und als Hilfe zur Verfügung	Einzelarbeit	Platinen, Bauteile, Werkzeuge
Aufräumen ca. 10 Minuten	- L. erteilt den Auftrag, dass die S. ihren Arbeitsplatz sauber aufräumen und den Lötkolben erst nach dem Erkalten versorgen sollen		
Besprechung ca. 5Minuten	- L. und S. besprechen zusammen die Arbeitsergebnisse und die Schwierigkeiten, die sich ergeben haben	Plenum / Lehrer- Schüler- Gespräch	gelötete Schülerplatinen

4. Erläutern Sie, welcher Technikbegriff dem Technikunterricht zu Grunde liegt und wie Technik als Element allgemeiner schulischer Bildung gerechtfertigt wird.

4.1 Technikbegriff im Unterricht:

Es ist wichtig zu erwähnen, dass sich der Technikbegriff des Technikunterrichts von dem Technikbegriff der Technikwissenschaften unterscheidet. Dort liegt das Augenmerk auf dem künstlichen Gegenstand (Artefakt) an sich.

Einige Technikphilosophen (z. B. Günter Ropohl, Simon Moser, Hans Lenk) formten ein neues Technikverständnis in dem der Mensch ebenso eine zentrale Rolle spielte. Es waren nun nicht mehr nur die künstlichen Werkzeuge und Produkte relevant, sondern ebenso der Mensch, der sie herstellt, nutzt, entsorgt und sich dafür verantwortlich zeigen muss. Aus diesem Technikverständnis formt sich der Technikbegriff, der dem Technikunterricht zu Grunde liegt:

"Technik als menschliches Handeln, das zweckhafte Artefakte erzeugt, die zur Befriedigung menschlicher Bedürfnisse eingesetzt werden."
[vgl. Schmayl/ Wilkening 1995, S. 14 f.]

4.2 Rechtfertigung von Technikunterricht:

Die allgemeinbildenden Schulen haben den Auftrag die Schüler/innen zu einem mündigen Bürger heranzuziehen. Es sollen spezielle Fähigkeiten sowie ein Selbstbewusstsein und Eigenverantwortung herausgebildet werden Der Jugendliche soll für das künftige Leben gewappnet sein und auf dem Arbeitsmarkt konkurrieren können.

Technik umgibt uns ständig. Man darf nicht vergessen, dass erst die Technik mit all ihren Werkzeugen, Artefakten und Gebilden erst eine solch moderne *Kultur* wie unsere erlaubt. Ohne den technischen Fortschritt wäre unser Leben deutlich näher an die *Natur* gebunden. Die Technik erlaubt uns heute eine Kultur die von Komfort und Wohlstand geprägt ist. Hieran ist gut ersichtlich wie relevant die Technik heute in unserem Leben ist.
Um die Schüler/innen die in einer solch technisierten Welt Leben zu wirklich mündigen Bürgern zu erziehen, muss somit auch eine gewisse *technische Grundbildung* vorherrschen. Mit technischer Grundbildung ist nicht gemeint, dass die Schüler/innen in speziellen technischen Berufen zur Aushilfskraft ausgebildet werden sollen. Vielmehr soll eine grundsätzliche Bildung im gesamten Bereich der Technik erreicht werden. Ein technisch gebildeter Laie soll entstehen.

Ein gewisses Verständnis für technische Produkte, deren Herstellungsprozess, deren Vor- und Nachteile, deren Notwendigkeit um unsere modernen Lebensstandards zu halten, soll erzeugt werden.
Nur so bekommen die Schüler/innen eine Einsicht in die Welt der Technik und können verantwortungsbewusst Handeln (Stichwort: technikbezogene Handlungsfähigkeit) und mit der Technik kritisch aber dennoch nutzbringend umgehen.

So eine umfassende technikbezogene Handlungsfähigkeit aufzubauen ist nicht einfach. Dafür ist ein dauerhafter und anspruchsvoller Technikunterricht unabdingbar. D. h. ein Technikunterricht in dem nur "gebastelt" wird ist quasi nichts wert. Vielmehr muss den Schüler/innen neben den *technischen Fertigkeiten* ein großes theoretisches *Fach- und Hintergrundwissen* vermittelt werden. Es ist wichtig dabei im Technikunterricht *problemlösend* (entwerfen, konstruieren, bewerten etc.) zu arbeiten. Nur so wird die Technik wirklich durchdrungen und verstanden.

Aufgrund dessen werden simple Fertigungsaufgaben heutzutage im Technikunterricht auch nur punktuell und keinesfalls alleinig eingesetzt.

Die Tatsache, dass im neuen Bildungsplan 2010 für die Werkrealschule das Fach Technik gestärkt wurde (neues Wahlfach Natur und Technik) zeigt auch, dass die Politik der Technik allmählich wieder mehr Gehör schenkt.

[vgl. Borgenheimer 2010, S. 11 f.]

5. Erläutern Sie das mehrperspektifische Modell bzw. den mehrperspektifischen Technikunterricht.

5.1 Erkenntnisperspektiven:

Nachdem sich das neue Technikverständnis herausgebildet bzw. entwickelt hatte und das Fach Technik in seiner Fachdidaktik immer umfassender wurde, formulierte Winfried Schmayl die drei Erkenntnisperspektiven des Technikunterrichts. Jede dieser Erkenntnisperspektiven betrachtet das Thema bzw. das Artefakt mit einem anderen Schwerpunkt.

Die erste Erkenntnisperspektive ist die *Sachperspektive*.
"Unter Sachwissen versteht man die Kenntnisse, die jemand in einem bestimmten Sachgebiet hat."
[Glottopedia 2010, Sachwissen]

Wie der Name schon impliziert bezieht sich diese Perspektive auf die Sache an sich, also das künstliche Artefakt selbst.
Zum Wissen über die *Sachtechnik* gehören z. B. Zusammenhänge und Wirkweisen zu erkennen, technische Kenntnisse, Funktionsabläufe, technische Regeln, Bedienungswissen, zielgerichtetes Handeln sowie Naturgesetze und ihre Auswirkungen.

Die *human- soziale Perspektive* beleuchtet die Tatsache, dass alle erschaffene Technik ein Produkt menschlicher Handlung, ausgelöst durch gesellschaftliche Prozesse, ist. Jedes technische Wirken, Tun, Handeln hat von der Gesellschaft ausgelöste Vorbedingungen und Auswirkungen, welche jeden einzelnen betreffen und die jeder Einzelne mittragen muss.
Als weiterer Punkt der human- sozialen Perspektive wird das sogenannte *Urhumanum* angesehen. Damit ist der innere menschliche Antrieb gemeint, aus seinen gewöhnlichen natürlichen Grenzen auszubrechen und diese Grenzen zu überwinden. Das ganze hat zum Ziel sich seine Welt selbst zu gestalten und zu verbessern. Die Technik ermöglicht dem Menschen mit der Durchbrechung dieser von der Natur gegeben Grenzen eine gewisse Macht und schöpferische Freiheit (s. a. 4.2 Rechtfertigung von Technikunterricht). Logischerweise birgt das Ganze aber auch eine große Abhängigkeit der Menschen von der Technik.

Als dritte Perspektive gilt die *Sinn- und Wertperspektive*. Sie konzentriert sich darauf, welchen Wert die Technik für uns besitzt. Erst der Mensch weist der Technik einen Sinn oder Wert zu. Ohne den Menschen hätte die Technik an sich keinen Wert, da sie für niemanden gut oder schlecht, nützlich oder unnötig wäre. Bei der Abschätzung des Wertes eines technischen Objektes muss der Mensch auch die Folgen dessen beachten und gegebenenfalls die Konsequenzen dafür tragen (z. B. Automobil -> Mobilität aber auch Umweltschädigung).
[vgl. Bienhaus 2008, S. 2 f.]

5.2 Zielperspektiven des Technikunterrichts:

Während sich Schmayl's Erkenntnisperspektiven eher auf die Technik an sich richten, so sind die Zielperspektiven nach Burkhard Sachs mehr auf den Technikunterricht selbst gerichtet. So ist es möglich, die Ziele der Unterrichtseinheit konkret den Zielperspektiven zuzuweisen und somit einen mehrperspektivischen Unterricht zu sichern.

Es ergeben sich folgende vier Zielperspektiven:

- *Perspektive der technischen Kenntnisse und Strukturzusammenhänge*-> Hierbei können die Schüler/innen technische Sachverhalte erkennen und diese in allgemeine Strukturzusammenhänge bzw. Abläufe einordnen.

- *Perspektive des technischen Handeln*-> Zur Überwindung von praktisch- technischen Problemen erwerben die Schüler/innen technikbezogene Fähig- und Fertigkeiten.

- *Perspektive der Bedeutung und Bewertung technischer Sachverhalte*-> Die Schüler/innen lernen die Bedeutung der Technik, ihre Entstehung, ihr Nutzen bzw. ihre Notwendigkeit und die Qualität kritisch zu beurteilen.

- *Perspektive der vorberuflichen Orientierung*-> Um eine begründete Berufswahl treffen zu können sollen die Schüler/innen Kenntnisse über technische Berufe und vorberufliche Erfahrung sammeln.

Fritz Wilkening hat 1995 ein ähnliches Modell veröffentlicht, welches dem von Sachs sehr ähnlich ist. Er formulierte ebenfalls vier Lernziele:

- *Inhaltsbezogene Lernziele*-> sie ähneln der Perspektive der technischen Kenntnisse und Strukturzusammenhänge nach Sachs.

- *verfahrensbezogene Lernziele*-> sie ähneln der Perspektive des technischen Handelns nach Sachs.

- *wertungsbezogene Lernziele*-> sie ähneln Perspektive der Bedeutung und Bewertung technischer Sachverhalte nach Sachs.

- *verhaltensbezogene Lernziele*-> Hierzu zählen Dinge wie Kooperationsbereitschaft, soziale Kompetenz, Verhalten des Schülers, Hilfsbereitschaft usw.

Die vorberufliche Orientierung wird hier außer Acht gelassen.

[vgl. Sachs 2001, S. 10 f.]

[vgl. Schmayl/ Wilkening 1995, S. 125]

5.3 Handlungsfelder:

Im mehrperspektivischen Unterricht werden auch die Inhalte differenziert. Sie werden in bestimmte Handlungs- und Problemfelder aufgeteilt, in denen der Mensch auf komplexe Bauformen der Technik trifft. Diese Handlungsfelder sind folgende:

Arbeit und Produktion, Bauen und Wohnen, Versorgung und Entsorgung, Transport und Verkehr, Information und Kommunikation.

Diese Handlungsfelder dienen dazu bei der Suche nach Unterrichtsthemen konkrete Bereiche durchsuchen zu können und decken auch das Interesse der Schüler/innen ab, da die gesamte Breite aller zentralen Lebensbereiche vertreten ist und somit die Alltagserfahrungen der Schüler/innen mit einbezogen werden. Ebenso sorgt die Auswahl der Themen anhand dieser Handlungsfelder dafür, dass die einzelnen technischen Bereiche nicht isoliert, sondern im großen Rahmen aller gesellschaftlich wichtigen Bereiche gesehen werden.

[vgl. Bienhaus 2008, S. 4 f.]

6. Geben Sie einen Überblick über das Methodenrepertoire des Technikunterrichts und stellen Sie diejenige Methode, die Sie in Ihrer konkreten Unterrichtsstunde einsetzten, unter fachdidaktischen Gesichtspunkten ausführlicher dar.

6.1 Methoden des Technikunterrichts:

		Lernrichtungen	
		genetisch-produktives Lernen	instruierend-analytisches Lernen
Gegenstandsdimensionen	Sachdimension erschließend	Experiment Konstruktionsaufgabe Fertigungsaufgabe Instandhaltungsaufgabe Recyclingaufgabe	Lehrgang Produktanalyse
	Humandimension erschließend	Projekt Fallaufgabe Planspiel	Erkundung Technikstudie

Abb. 3: Methodenmatrix [Schmayl 1999, S. 11]

Nach Schmayl's Vorstellung gibt es zwölf zentrale Methoden im Technikunterricht. Sie gliedern sich in seiner Matrix unter den unterschiedlichen Gesichtspunkten der *Lernrichtung* und der *Gegenstandsdimension* ein. Es werden die beiden Lernrichtungen des *genetisch- produktiven* und *instruierend- analytischen* Lernens unterschieden. Auf Seite der Gegenstandsdimension werden die *Sachdimension* und die *Humandimension* unterschieden.

Methodenübersichten anderer Didaktiker können sich von dieser hier durchaus unterscheiden, doch es gibt einige Methoden die aufgrund ihrer Bedeutsamkeit und häufigen Nutzung quasi in jeder Übersicht auftauchen müssen. Diese Methoden werde ich nun kurz darlegen.
Experiment: Das technische Experiment hat die experimentelle Analyse eines technischen Systems zum Ziel. Dabei werden z.B. die Zusammenhänge im System oder die Leistung unter die Lupe genommen. Ebenso können technische Eigenschaften von Werkstoffen untersucht werden.
Konstruktionsaufgabe: Ein technisches Artefakt wird geplant/ konstruiert/ entworfen und anschließend praktisch umgesetzt.
Fertigungsaufgabe: Es wird ein technisches Artefakt nach vorgegebenem Inhalt erstellt. Es wird nach Anleitung gearbeitet.

Produktanalyse: Technische Artefakte/ Produkte/ Verfahren werden kritisch analysiert und beurteilt.

[vgl. Sachs 2001, S. 13]

6.2 Der Lehrgang:

In unserer Unterrichtsstunde haben wir uns für die Methode des Lehrgangs entschieden. Beim Lehrgang werden schon im Voraus die einzelnen Lernschritte geplant. Ziel des ganzen ist die Einführung und Erarbeitung eines bestimmten Sachbereichs. So sollen hier *fachliche Kenntnisse*(korrekter und sicherer Einsatz des Lötkolbens, Bedeutung/ Auswirkung der Bauteile, korrektes Vorgehen beim Löten, spezielle Teile wie Lötnägel usw.) sowie *praktische Fähigkeiten* (Löten, Einsatz des Platinenhalters usw.) vermittelt werden. Aufgrund dieses Vermittelns von fachlichen Kenntnissen und praktischen Fähigkeiten ist der Lehrgang in der Gegenstandsdimension *Sachdimension erschließend* einzuordnen.

Der Lötlehrgang hat dabei vor allem zu Beginn einen sehr mitteilenden Charakter (was an der *instruierend- analytischen Lernrichtung* gut erkannt werden kann), bei dem das Ziel des Lehrers vor allem das weitergeben von (Fach) Wissen ist. Später wenn die Schüler/innen ihre Platine löten geht man auch schon in die Methode der Fertigungsaufgabe über die eher produktiven Charakter hat. Der Lehrgang gestaltet sich dabei vom Einfachen (Benennung und Aufgabe der Bauteile) zum Komplexeren (Struktur und Zusammenhang der Bauteile auf der Platine, Fehleranalyse einer fertigen Platine). Bei einem Lehrgang stehen häufig die Aspekte der Planung und Herstellung im Vordergrund, so auch hier.

[vgl. Fies 2009, S. 55 f.]

7. Geben Sie einen Überblick über das Medienrepertoire des Technikunterrichts und stellen Sie ein Medium, das Sie in Ihrer konkreten Unterrichtsstunde einsetzten, unter fachdidaktischen Gesichtspunkten ausführlicher dar.

7.1 Medien im Technikunterricht:

Folgende Übersicht stellt das Mediensystem des Technikunterrichts dar:

Mediensystem des Technikunterrichts

Technischer Unterrichtsgegenstand / Aneignungsmodi	originale Technik und wirklichkeitsnahe Repräsentationen			technische Darstellungen			
	Realsituationen	Materialien und Realobjekte	Realmodelle	bildhafte Darstellungen	sprachliche Darstellungen — Wort	sprachliche Darstellungen — Schrift	symbolhafte Darstellungen
rezeptives Lernen mit Präsentations- bzw. Rezeptionsmedien	Arbeitsplätze, Produktionsstätten, Verkehrsanlagen	Demonstrationsobjekte (Werkstoffe, Vorfabrikate, Bauteile, Fertigprodukte)	Funktionsmodelle, Schnittmodelle, Anschauungs- und Übersichtsmodelle	Lichtbilder, bildhafte Skizzen und Zeichnungen, Technische Zeichnungen, Filme, Tonbildreihen, Tonfilme, Schulfernsehen, Videofilme	Tonkassetten, Schulfunk-sendungen	Lehrtexte	Diagramme, Tabellen, Schemata, Schaltpläne, Formeln
				Komplexdarstellungen: Lehrbücher, Sachbücher, Nachschlagewerke			
reproduktives Lernen mit Rekonstruktions- oder Reproduktionsmedien	Praktikums-arbeitsplätze	Demontageobjekte, Untersuchungs- und Testobjekte, Wartungsobjekte, Anfertigungsobjekte	gebundene Experimentiermodelle, Anfertigungsmodelle	aufgabenhafte komplexe Darstellungen: Arbeitsblätter, Arbeitshefte u. -bücher, Lernspiele u. -programme			
produktives Lernen mit Genese- oder Produktionsmedien	technische Bedarfssituationen im Schulleben	Konstruktions- und Fertigungsobjekte (Gebrauchsgegenstände), Reparaturobjekte	freie Experimentiermodelle, Konstruktionsmodelle	zu erarbeitende Darstellungen: Skizzen, Lichtbilder, Technische Zeichnungen; Videoaufnahmen	Tonaufnahmen	Schülertexte	Diagramme, Tabellen, Schemata, Schaltpläne
				Komplexdarstellung: Arbeitsmappen			

Abb. 4: Mediensystem [Schmayl 1994]

Diese Darstellung ist nur eine von vielen. Natürlich gibt es auch andere Darstellungen mit leicht variierenden Medien bzw. Bezeichnungen, doch im Großen und Ganzen sind alle Darstellungen inhaltlich recht ähnlich.

Das Mediensystem ist hier untergliedert in die *Aneignungsmodi* und die *Art der Repräsentation*. So spannt sich eine Matrix auf, an der erkannt werden kann, welche Art der Repräsentation und welchen Aneignungsmodus ein bestimmtes Medium hat. Beispielsweise hat das Medium *Schnittmodelle* den Aneignungsmodus *rezeptives Lernen mit Präsentations- bzw. Rezeptionsmedien* (zu sehen auf der linken Seite) und gehört im Bereich der Repräsentationen zur Gattung der *Realmodelle* (obere Seite). Desweiteren werden im Bereich der Repräsentationen noch die *originale Technik und wirklichkeitsnahe Repräsentationen* von den *technischen Darstellungen* unterschieden. Dabei stellen die technischen Darstellungen die eher klassischen Medien dar, die häufig auch in anderen Fächern zu finden sind, während die originale Technik und wirklichkeitsnahe Repräsentationen sehr technikspezifische Medien sind.

7.2 Das Medium Platine:

In der von uns ausgewählten Unterrichtsstunde haben wir als Medium unsere Platine. Sie ist somit im Mediensystem der Technik unter *Materialien und Realobjekte* einzuordnen. Zu Beginn der Stunde dienen die Bauteile und die Platine als Anschauungsobjekt und sind somit als *Demonstrationsobjekte(Bauteile, Fertigprodukt)* zu verstehen. Der Aneignungsmodus wäre hier somit das *rezeptive Lernen mit Präsentations- bzw. Rezeptionsmedien.*

Im späteren Unterrichtsverlauf, wenn die Schüler/innen ihre Probeplatine selbst löten bleibt das Medium (Platine) zwar gleich, jedoch fungiert sie dann nicht mehr als Demonstrationsobjekt, sondern als Anfertigungsobjekt. Hier wäre der Aneignungsmodus also das *reproduktive Lernen mit Rekonstruktions- oder Reproduktionsmedien.*

Häufig ist die Art des Mediums auch nicht klar trennbar. Bei unserem Beispiel könnte man die Platine auch als *thematisch gebunden Bausatz* bezeichnen, der somit auch unter das reproduktive Lernen mit Rekonstruktions- oder Reproduktionsmedien fallen würde. Dafür spricht beispielsweise, dass alle Teile sowie die Reihenfolge bzw. die Schritte vorgegeben sind.

[vgl. Fies 2009, S.24]

[vgl. Schmayl 1994]

8. Literaturangaben

Bienhaus, W. (2008) :
Technikdidaktik – der mehrperspektivische Ansatz.
München.
Online unter:
http://www.dgtb.de/fileadmin/user_upload/Materialien/Didaktik/mpTU_Homepage.pdf,
20.12.2010, 21.10 Uhr.

Borgenheimer, Bernd (2010) :
Planung, Durchführung und Evaluation von Technikunterricht.
Unveröffentlichtes Skript.

Fies, Helmut (2009) :
Zu den Unterrichtsmethoden des Technikunterrichts.
Unveröffentlichtes Skript.

Glottopedia (2010) :
Sachwissen.
Online unter: http://www.glottopedia.de/daf/index.php/Sachwissen, 20.12.2010, 20.32 Uhr.

Ministerium für Kultur, Jugend und Sport Baden-Württemberg (2004) :
Bildungsplan 2004 Hauptschule Werkrealschule.

Sachs, Burkhard (2001) :
Technikunterricht: Bedingungen und Perspektiven.
Online unter: http://www.eduhi.at/dl/Technikbegriff_Sachs_-_tu_100.pdf, 20.12.2010, 20.55 Uhr.

Schmayl, W. (1994) :
Medien des Technikunterrichts – Begriff und Ordnung.
In: tu - Zeitschrift für Technik im Unterricht, 2. Quartal 1994, H. 72, S. 5–19.

Schmayl, W. (1999) :
Zur Methodik des Technikunterrichts – begriffliche, historische und systematische Betrachtung.
In: tu - Zeitschrift für Technik im Unterricht, 3. Quartal 1999, H. 93, S. 5–15.

Schmayl, W. ; Wilkening, F (1995) :
Technikunterricht.
2. überarb. und erw. Aufl. Bad Heilbrunn

UHU GmbH & Co. KG (2005) :
Lautsprecherbox - ganz schön aktiv.
Online unter: http://www.uhu.de/uploads/tx_uhumanuals/sek_lautsprecher.pdf, 20.12.2010,
20.01 Uhr.